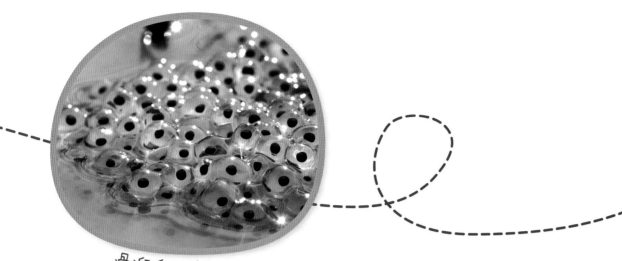

滑溜溜的卵

走进大自然

　　动物的繁殖方式分为有性生殖和无性生殖,有性生殖又分为胎生和卵生。卵生是动物受精卵在母体外孵化成为新个体的一种生殖方式。不同动物的蛋或卵形状、颜色都不一样,藏身之处和孵化方式也不一样,《动物的蛋和卵》这本书利用谜语的方式介绍了鸡、青蛙、瓢虫、海龟、鲑鱼等不同动物的蛋和卵的外形和藏身之处,还设计了翻页,引发幼儿的好奇心。除此之外,作者还以图文结合的方式细致介绍了动物们的小宝宝孵化和成长的过程,让幼儿看到生命的力量与奇迹。父母可以在春天带领孩子去湿地寻找和观察不同动物的蛋或卵,也可以和孩子一起试着将青蛙卵带回家,放在鱼缸里,观察青蛙成长的过程,并和孩子一起探讨生命的成长过程。

撰文/[韩]安修妍
大学时学习韩国语言文学,目前从事绘本的创作。著有《蔬菜真好!》《向日葵爱太阳!》《长大想成为谁呢?》等作品。作者回想起小生命们破壳而出、降临世上那一瞬间带给自己的感动,便提笔写下此文。

绘图/[韩]李宗均
大学时专攻视觉设计,目前从事插图绘制工作。作品主要有《仙女和樵夫》《哭泣时想读的童话》《孩子们,一起来玩吧!》等。

监修/[韩]鱼京演
在韩国庆北大学主修兽医学,专业是野生动物研究,并获取了兽医学博士学位。目前在韩国国立动物园担任动物研究所所长一职。著有《长颈鹿脖子长》《大象鼻子长》等书。

复旦版科学绘本编审委员会

朱家雄　刘绪源　张　俊　唐亚明
张永彬　黄　乐　蒋　静　龚　敏

总 策 划 张永彬
策划编辑 黄　乐　查　莉　谢少卿

图书在版编目(CIP)数据

动物的蛋和卵/[韩]安修妍文;[韩]李宗均图;于美灵译.
—上海:复旦大学出版社,2015.5
(动物的秘密系列)
ISBN 978-7-309-11284-9

Ⅰ.①动…　Ⅱ.①安…②李…③于…　Ⅲ.动物-儿童读物
Ⅳ.Q95-49

中国版本图书馆 CIP 数据核字(2015)第 053225 号

本书经韩国教元出版集团授权出版中文版
上海市版权局著作权合同登记
图字:09-2015-167 号

动物的秘密系列 1
动物的蛋和卵
文/[韩]安修妍　图/[韩]李宗均
译/于美灵
责任编辑/谢少卿　高丽那

复旦大学出版社有限公司出版发行
上海市国权路 579 号　邮编:200433
网址:http://www.fudanpress.com
邮箱:fudanxueqian@163.com
营销专线:86-21-65104507　86-21-65104504
外埠邮购:86-21-65109143
上海复旦四维印刷有限公司

开本 787×1092　1/12　印张 3
2015 年 5 月第 1 版第 1 次印刷

ISBN 978-7-309-11284-9/Q·92
定价:35.00 元

如有印装质量问题,请向复旦大学出版社有限公司发行部调换。

动物的蛋和卵

文/[韩] 安修妍　图/[韩] 李宗均　译/于美灵

复旦大学 出版社

这种蛋在我们生活中随处可见。

它们外壳坚硬，一般呈白色或浅褐色。

在暖暖的草窝里孵了3周以后，可爱的小家伙们就会破壳而出。

那么，这是谁的蛋呢？

蛋，蛋，谁的蛋？
蛋儿滑又圆。
要问藏哪里？
藏在鸡窝里。

4 喔喔喔，最终长成了一只漂亮的母鸡。

3 然后慢慢长成了羽翼丰满的小鸡。

哇，原来是母鸡下的蛋啊！

母鸡成年后一般一天下一个蛋。

蛋很少的时候，母鸡也会为了不让蛋儿受凉把它们纳入怀抱。当有了7~10个蛋的时候，母鸡便开始一整天都寸步不离地孵蛋。

为了使每一个蛋都均匀受热，母鸡还会用嘴啄着蛋来回滑动、变换位置。

1 叽叽，叽叽，小鸡破壳而出。

2 没几天就变成了浑身毛茸茸的小鸡。

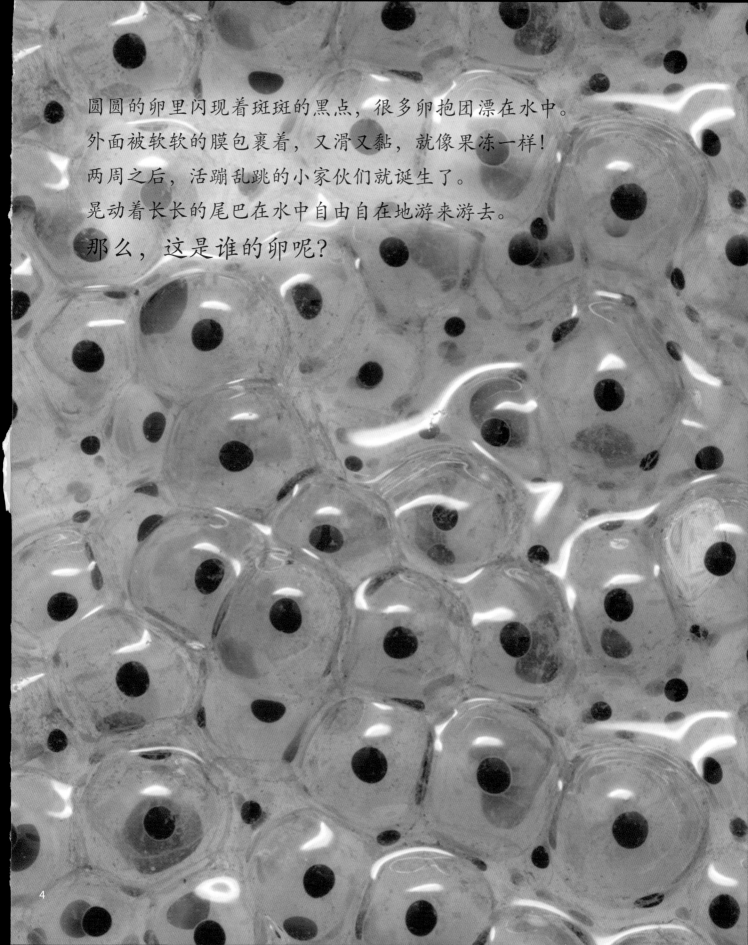

圆圆的卵里闪现着斑斑的黑点，很多卵抱团漂在水中。
外面被软软的膜包裹着，又滑又黏，就像果冻一样！
两周之后，活蹦乱跳的小家伙们就诞生了。
晃动着长长的尾巴在水中自由自在地游来游去。
那么，这是谁的卵呢？

4

卵，卵，谁的卵？

卵儿滑又圆。

要问藏哪里？

藏在水池中。

1 从卵里钻出来的蝌蚪不停地摇摆着尾巴。

2 后腿一下子就发长了。

3 前腿也一下子变长了。

4 尾巴逐渐变短。

呱呱呱，原来是青蛙产的卵啊！

青蛙的卵圆圆的，喜欢抱团，外面有一层透明的保护膜。

不同种类的青蛙，一次产卵的数量也不同，少则数百，多则上千。

青蛙的宝宝——蝌蚪只能生活在水中，变成青蛙之后就可以自由自在地在水里和陆地之间蹦跶啦。

5 最终变成了一只活蹦乱跳的青蛙。

又细又长的黄色的卵整整齐齐地聚集在一起。

卵上粘有黏黏的液体，无论风吹雨打它们都牢牢地粘在树叶上。

过了 5~6 天，卵里出现了会蠕动的幼虫，慢慢地，它们就变成了长有花翅膀的昆虫。

卵，卵，谁的卵？
卵儿多又黄。
要问藏哪里？
藏在叶子后。

6 摇身变成身披红色盔甲、
长有黑色斑点的帅气瓢虫！

4 背上一下子裂开口子之后，
变成了一只成年的幼虫。

5 翅膀光彩照人，
斑纹点点迷人。

嗡嗡嗡，原来是瓢虫产的卵啊！

瓢虫一般在蚜虫容易附着的植物叶子背面一次性产下 20~40 粒卵。

这样，在幼瓢虫破壳而出的时候就可以尽情享用蚜虫了。

瓢虫根据种类不同，翅膀上的花纹和颜色也多种多样。

1 蠕动的幼瓢虫来到了世上。

2 经过几次蜕皮之后，幼瓢虫逐渐长大。

3 变成蛹之后，就一动不动啦

哗啦哗啦，大海波涛汹涌。

沙坑里都是蛋，又白又圆。

长得像乒乓球，摸起来却软绵绵的。

两个月之后，从蛋里孵出了一个个幼小的生命。

它们拨开沙土，爬上地面，慢吞吞、晃悠悠地爬向大海。

那么，这是谁的蛋呢？

蛋，蛋，谁的蛋？
蛋儿软又白。
要问藏哪里？
藏在沙土中。

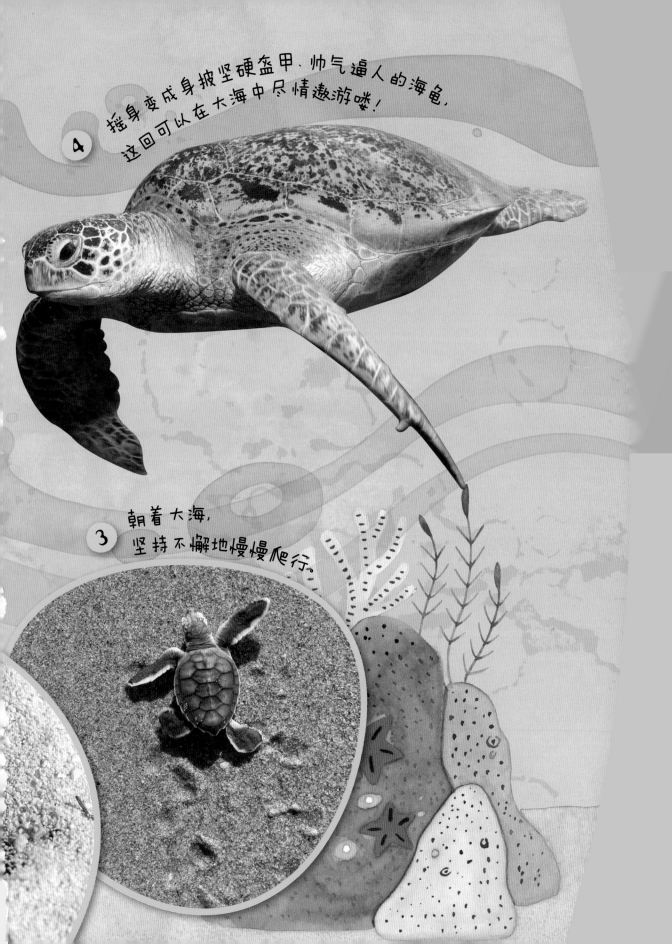

4 摇身变成身披坚硬盔甲、帅气逼人的海龟，
这回可以在大海中尽情遨游喽！

3 朝着大海，
坚持不懈地慢慢爬行。

慢悠悠，慢悠悠！原来是海龟产的蛋啊！

生活在大海里的海龟，一到产卵的季节，就会游啊游，回到自己出生的地方。

漆黑的夜晚，它们爬上岸，开始挖沙坑。在里面产下100多个蛋之后，盖上沙土，随后又重新返回大海。

1 海龟宝宝撕开蛋壳，来到了世上。

2 钻出沙坑，来到地面上，"哼唷，哼唷"。

在水势平缓、铺满鹅卵石的河床上，粉红色的、圆圆的卵抱团聚在一起。

在这里产卵是因为卵不容易被水流冲走，也不容易被其他鱼类发现。

过了两个月左右，小宝宝便出生了。长大之后，跟随江水，游到了遥远的大海。

那么，这是谁的卵呢？

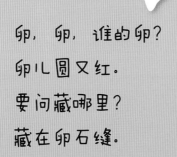

卵，卵，谁的卵？
卵儿圆又红。
要问藏哪里？
藏在卵石缝。

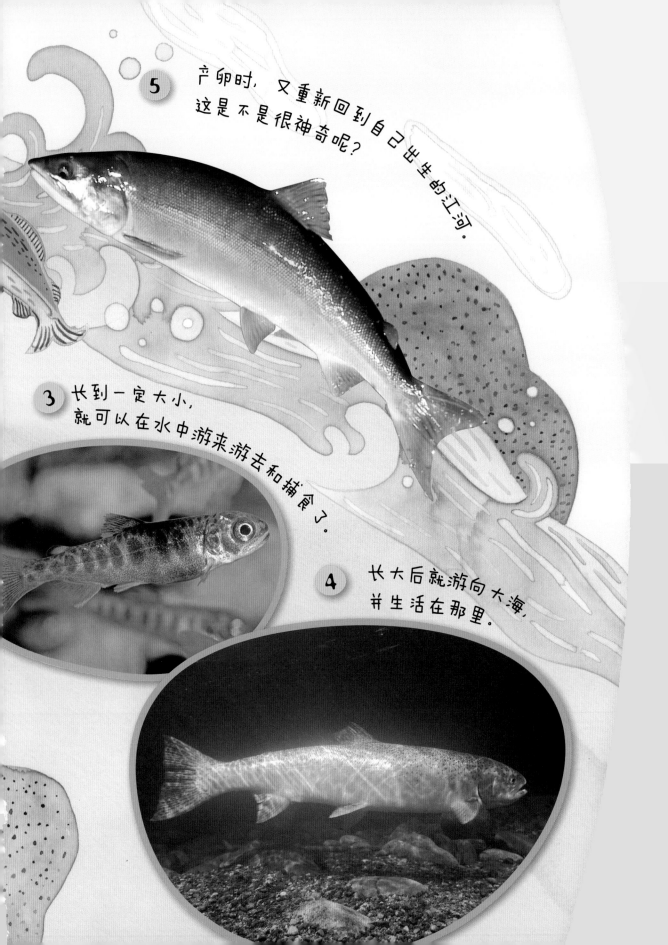

5 产卵时，又重新回到自己出生的江河。
这是不是很神奇呢？

3 长到一定大小，
就可以在水中游来游去和捕食了。

4 长大后就游向大海，
并生活在那里。

摇摇摆摆，原来是鲑鱼产的卵啊！

鲑鱼每到产卵时，身体的颜色就会加深，两侧还会长出粉红色的条纹。

从大海游向自己出生的江河，逆流而上，奋力前行，最终回到出生地产卵。

经过 2~3 次努力，便可以产下数千粒卵。然后，再用周边的石子将卵宝宝藏得严严实实。

1 卵里隐隐约约可以看到小鲑鱼的眼睛。

2 小鲑鱼的肚子上挂有营养包，即使还不能捕食，也饿不着。

这种蛋在终年寒冷、暴风雪肆虐的的冰国——"南极"可以见到。

它的特别之处是由爸爸替妈妈来孵蛋。

爸爸把蛋宝宝放在脚背上，用腹部的皱皮盖住它，立在冰面上，一动不动，不吃不喝，过了两个月左右，憨态可掬的小宝宝便一摇一摆地走出蛋壳。

那么，这是谁的蛋呢？

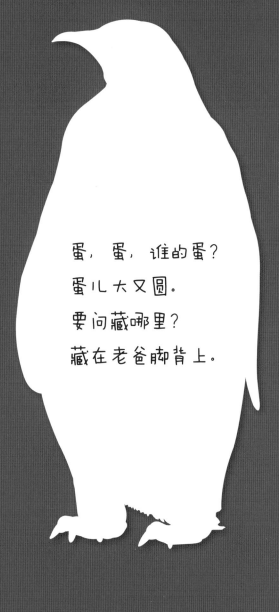

蛋，蛋，谁的蛋？
蛋儿大又圆。
要问藏哪里？
藏在老爸脚背上。

5 摇身变成南极最最帅气的使者——帝企鹅。

4 褪去密密的茸毛，长出厚厚的体毛。

晃悠晃悠！原来是帝企鹅下的蛋啊！

南极冰天雪地，难以搭窝。所以帝企鹅妈妈一般只生一个蛋，帝企鹅爸爸会把蛋放在脚背上，用腹部的皱皮盖住它，开始孵蛋。帝企鹅妈妈则会去大海觅食。帝企鹅爸爸在冰天雪地里即使是饿着肚子也要日夜孵蛋，等啊等，一直等到帝企鹅妈妈回来为止。

① 在帝企鹅爸爸的精心孵化下，帝企鹅宝宝破壳而出。

② 帝企鹅宝宝茁壮成长。

③ 帝企鹅宝宝走路一摇一摆。

蛋有圆圆的、长长的、尖尖的……大小和模样各不相同。

蛋有褐色、黑色、黄色、粉红色、白色……五颜六色。

蛋有滑滑的、软软的、粗糙的、黏黏的……触感各不相同。

鸡蛋

被称作"美人鱼钱包"
的鲨鱼卵

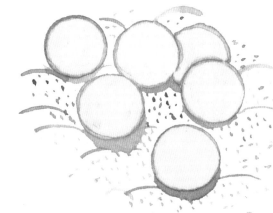

海龟蛋

头儿尖尖的海鸭蛋

虽然大小、模样、色彩、触感各不相同，
但它们都是弥足珍贵的蛋！

鸟蛋中最大的鸵鸟蛋

鲑鱼卵
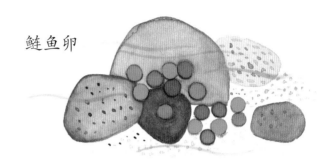

帝企鹅蛋

青蛙卵

瓢虫卵
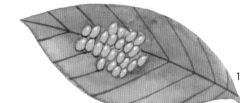

15

去湿地看一看！

到目前为止，我们已经对动物的卵进行了仔细的观察。
接下来去湿地实地看一下青蛙卵如何呢?

湿地是一片湿润的土地，由于自然环境的原因，水分十分充足。因为有水的地方食物就丰富，所以这里就成了亲水动植物的乐园。在中国，著名的湿地有神农架大九湖国家湿地公园、红河哈尼梯田国家湿地公园、盘锦湿地、杭州西溪国家湿地公园、银川鸣翠湖国家湿地公园、广东星湖国家湿地公园等。

 注意！注意！ 为了采卵需要提前准备细的捕捞网以及水桶。

观察一下！

请观察一下浅水中的青蛙卵。利用放大镜仔细观察青蛙卵的模样，和父母一起，讨论一下青蛙卵的特征。

亲自养一下！

用细网将青蛙卵捞出来，把池塘里的水和水草也一起放进水桶中。回家之后，将水桶里的青蛙卵、池塘水、水草一起放到鱼缸里，观察青蛙成长的过程。

_____的观察日记

观察日期：	观察地点：

观察内容

1. 请将去湿地观察到的青蛙特征圈出来。

又滑又黏

又粗糙又坚硬

一个一个的

全身红点

全身黑点

抱团聚在一起

2. 请画出你心目中漂亮的青蛙。

3. 请写下自己观察后的感受。

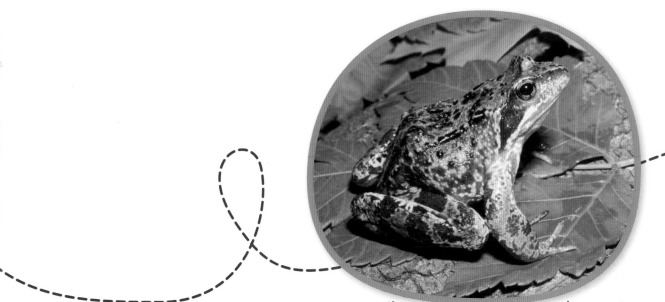

啊哈，原来是青蛙的卵啊！